AF402386

RECHERCHES EXPÉRIMENTALES

SUR

L'ABSORPTION ET L'EXHALATION

PAR LE TÉGUMENT EXTERNE,

SUR LA TEMPÉRATURE ANIMALE, LA CIRCULATION, ET LA RESPIRATION,

OU

ESSAI SUR L'ACTION PHYSIOLOGIQUE DES BAINS D'EAU;

Par le Dr Frédéric DURIAU,

Lauréat (Médaille d'Or) de la Faculté de Médecine de Paris,
Membre de la Société d'Hydrologie,
Membre correspondant de la Société Anatomique,
Membre privilégié de la Société de Médecine américaine, etc.

> Prima morborum semina tutius coguos-
> cuntur ex alteratione solitæ perspirationis
> quam in læsis officiis.
>
> (SANCTORIUS, aphor. 42.

PARIS.

RIGNOUX, IMPRIMEUR DE LA FACULTÉ DE MÉDECINE,
rue Monsieur-le-Prince, 31.

1856

INTRODUCTION.

Lorsqu'on parcourt les écrits des observateurs de toutes les époques, on y voit, à chaque pas, que de tous nos tissus la peau est le plus exposée aux influences perturbatrices extérieures. Ce fait, qui domine la pathologie d'un grand nombre d'affections, a été reconnu généralement; aussi lit-on dans Boerhaave: « Si me-« dicus methodum teneret quo stabilem perspirationem servaret, « nosceret arcanum quo omnes morbos, et chronicos, et inflamma-« torios sanaret. » En présence d'une cause de maladie aussi universellement admise, on est conduit à rechercher par quels moyens l'hygiène et la thérapeutique peuvent influencer le tégument externe, pour entretenir l'harmonie de ses fonctions, et combattre les troubles dynamiques qui s'y manifestent quelquefois. Or un modificateur qui exerce son action sur l'enveloppe tout entière, en même temps que sur chacun de ses éléments, répondrait le mieux aux diverses indications que commandent les troubles pathologiques; et ces conditions ne se trouvent-elles pas merveilleusement réunies dans les bains? Le corps de l'homme semble en effet, dans cette circonstance, se présenter par toutes ses surfaces à l'agent modificateur; d'ailleurs l'usage qu'on en a fait depuis les temps les plus reculés nous indique d'une manière suffisante l'importance de ces immersions.

Les opinions les plus contradictoires ont été émises sur l'action physiologique des bains, alors que l'interprétation de ces faits est si simple en apparence (voir Berthold, *Müller's Archiv für Anatomie*, 1838; Collard de Martigny, *Archives générales de médecine*, t. X; Pouteau, *OEuvres posthumes*, t. I; Currie, *Medical reports on the effects of cold and warm water*). Sans chercher à expliquer ces dissidences, nous allons exposer le ré-

sultat des recherches que nous avons faites depuis l'année 1853,
et nous étudierons successivement les modifications que peut amener le bain d'eau liquide et à température variable,

1° Dans l'absorption et l'exhalation cutanées ;

2° Dans la température animale ;

3° Dans la circulation ;

4° Dans la respiration.

5° Enfin un appendice renferme quelques mots sur l'étiologie
de l'albuminurie.

RECHERCHES EXPÉRIMENTALES

SUR

L'ABSORPTION ET L'EXHALATION

PAR LE TÉGUMENT EXTERNE,

SUR LA TEMPÉRATURE ANIMALE, LA CIRCULATION,
ET LA RESPIRATION,

OU

Essai sur l'action physiologique des bains d'eau.

CHAPITRE Iᵉʳ.

MODIFICATIONS DANS L'ABSORPTION ET L'EXHALATION CUTANÉES.

I. L'absorption par le tégument externe, telle est la première question qui va nous occuper.

Lorsque, pendant un espace de temps assez prolongé, on a couvert la peau de cataplasmes émollients, on voit celle-ci se gonfler; l'épiderme se boursoufle, il acquiert une épaisseur trois ou quatre fois plus considérable; l'immersion des pieds et des mains dans l'eau détermine pareillement la bouffissure de ces parties. Mais ce ne sont là que des faits d'imbibition qu'il est facile de reproduire chez le cadavre (1), et quelle différence n'y a-t-il pas entre ce phénomène purement physique et celui de l'absorption, qui ne s'opère qu'au contact d'une trame organisée !

---

(1) Magendie, *Mémoire sur le mécanisme de l'absorption chez les animaux* (*Journal de physiologie*, t. 1, p. 89).

L'imbibition est donc le premier phénomène que l'observateur rencontre lorsqu'il soumet la peau au contact prolongé du liquide.

Toutefois ce n'est pas la seule chose que nous aurons à signaler; cherchons d'abord si l'anatomie permet de conclure *a priori* que la peau absorbe.

L'épiderme, comme on le sait, est privé de tissu cellulaire, de nerfs et de vaisseaux; il ne possède donc aucun des éléments ordinaires de l'organisation; il est formé de cellules juxtaposées; chacune d'elles jouit d'une vie qui lui est propre, et prend son origine dans un produit exhalé des capillaires sanguins (Henle); l'épiderme, bien qu'hygrométrique, se laisse difficilement traverser par les liquides, que ces liquides se portent du dehors au dedans ou bien du dedans au dehors; c'est pourquoi, après l'application d'un vésicatoire, la sérosité s'accumule au-dessous de cette membrane; quand au contraire le liquide vient du dehors, l'épiderme résiste d'abord, puis il se laisse traverser, mais en changeant d'aspect sous l'influence de l'imbibition. On chercherait en vain un organe d'absorption à la surface de la peau; le réseau lymphatique et veineux qui rampe dans la couche cellulo-graisseuse sous-cutanée ne présente aucune expansion, aucun orifice béant, à la surface tégumentaire; les glandes sudorifères, siége de la sécrétion de la sueur et de la transpiration insensible, ne peuvent non plus être considérées comme ayant un pouvoir absorbant; quant aux glandes sébacées, l'humeur onctueuse qui s'en échappe a bien évidemment pour but de protéger l'épiderme, en s'opposant comme une barrière à l'imbibition, et il est à remarquer que les deux régions où il n'existe aucune glande sébacée sont aussi les seules qui se modifient très-sensiblement par l'immersion dans l'eau tiède (nous voulons parler de la paume des mains et de la plante des pieds) (1). A l'épiderme serait donc dévolu le rôle de l'imbibition, premier temps d'un acte dans lesquel les liquides pénètrent du dehors au dedans; c'est le derme, et le derme seul, qu'on doit considérer anatomiquement comme siége réel de l'absorption cutanée.

L'anatomie nous permettant de conclure *a priori* que les liquides peuvent, par un mécanisme particulier, se frayer une route

---

(1) Sappey, *Traité d'anatomie descriptive.*

à travers le tégument externe, nous allons entrer immédiatement dans l'exposé des expériences que nous avons tentées afin de prouver l'absorption qui s'opère par cette voie. Nous ferons remarquer ici qu'en parlant de la peau nous emploierons indifféremment les mots *absorber* ou *se laisser imbiber,* bien que nous sachions qu'il s'agit d'un phénomène complexe qui se résume en ces mots : Quand la peau est soumise au contact prolongé d'un liquide, l'épiderme se laisse imbiber par ce liquide; voilà le premier temps. Dans le second temps, le derme absorbe les liquides qui ont imbibé l'épiderme (nous supposons toutefois que les conditions thermométriques ne s'opposent pas à l'introduction des liquides du dehors au dedans ; mais nous aurons à revenir sur ce point).

Pour obtenir des conclusions qu'on ne pût mettre en doute, il a fallu d'abord s'assurer de l'exactitude des moyens d'investigation. Deux voies nous étaient ouvertes : ou bien placer les baigneurs dans la balance avant et après le bain, ou bien examiner la densité de leurs urines dans les mêmes circonstances. Nous avons ici donné la préférence au premier procédé ; une balance très-sensible est, à nos yeux, un moyen de précision que la connaissance de la densité des urines ne saurait remplacer lorsqu'il s'agit de rechercher seulement si l'eau du bain a pénétré dans l'organisme. On conçoit au contraire que ce procédé serait insuffisant dans tout autre cas, s'il fallait, par exemple, s'assurer de la présence dans l'urine des sels que l'eau du bain tient en dissolution. Nous avons donc négligé cet examen pour cette question, et nous nous sommes servi d'une balance, qui est en même temps d'un emploi très-facile.

Dès le principe de notre investigation, nous avons été frappé d'un fait qui, dans les études balnéologiques, n'a pas été envisagé assez attentivement. Or les phénomènes qu'on observe varient dans des limites extrêmes, suivant la température du bain; ainsi il y a un degré où l'absorption compense l'exhalation cutanée. Avec M. Kühn, de Niederbronn, nous appellerons ce degré *point isotherme* ou *limite thermique,* ou bien encore *température normale du bain.* Au-dessus de ce point, il y a prédominance de l'exhalation cutanée, et, par suite, perte de poids du baigneur; audessous l'absorption domine, et le poids du corps augmente. Cette proposition, que l'observation va nous démontrer, la théorie pouvait du reste la faire pressentir. En effet, la température du sang est en général de 38° à 39° centigr., et, pour que cette température persiste la même, malgré la quantité nouvelle de calorique qui lui est constamment déversée par la source de chaleur inhérente au corps de l'homme, il y a naturellement une déperdition de calorique égale à cette dernière somme ; aussi la température du milieu, qui doit le mieux favoriser l'harmonie des fonctions, est-elle inférieure à la température normale du sang, d'un nombre de degrés qui représentera la perte constante du calorique. Voilà pourquoi un bain, qui ne doit nullement entraver le jeu des organes, est de quelques degrés moins chaud que la surface tégumentaire. C'est généralement entre 32° et 34° centigr. que se trouve le point où le corps, plongé dans l'eau, ne perçoit aucune sensation de chaud ou de froid. Ce degré d'indifférence correspond précisément au point où le bain soustrait au corps immergé une quantité de calorique égale à celle que développe physiologiquement la source de la chaleur animale.

Il ne faut pas en conclure toutefois que cette température indifférente, ce point isotherme, est le même pour tous les individus ; si nous attachons une grande importance à ce fait, c'est que chaque jour il trouve son application, alors que l'on prescrit un bain à une température donnée, sans connaître le point isotherme du malade. Or ce point varie suivant les individus, suivant certains états morbides, et suivant la température du milieu atmosphérique ; la normale est généralement plus basse chez les personnes pléthoriques ou irritables que chez les personnes lymphatiques à constitution languissante. Du reste, on sera toujours arrivé à cette normale, quand, après quelques minutes d'immersion, le baigneur, ne ressentant aucune impression de chaud ou de froid, sera complétement indifférent à la température de l'eau. Cette sensation ne pourra servir de guide que dans l'état de santé ; ailleurs il faudra toujours se baser sur la température de la peau.

Ce que nous pourrions appeler le zéro thermométrique du bain est donc le point isotherme, qui est constamment de quelques degrés moins élevé que la température du sang : au-dessus de ce zéro, nous avons toutes les nuances du bain chaud ; au-dessous, se trouve le bain froid avec ses nombreuses variétés ; à la limite thermique, on a le bain tempéré. On nous reprochera peut-être cette manière de voir, qui n'est pas universellement admise; mais nous ferons observer que le zéro thermométrique adopté par les physiciens est trop absolu, et ne saurait se plier ici aux exigences des susceptilités organiques, aussi nombreuses que les individus; par conséquent cette opinion a l'immense avantage de se baser sur chaque constitution, qu'il est moins facile d'assouplir qu'une échelle thermométrique.

Ceci posé, quelle est la quantité d'eau absorbée par la peau dans nn bain plus ou moins prolongé?

Première expérience.

Connaissant préalablement la température de trois sujets, nous avons soumis ces individus à des bains d'eau simple et au-dessous de leur limite thermique; après un quart d'heure d'immersion, il y eut augmentation de poids du corps, et cette modification s'opéra jusqu'à la fin du bain, en donnant les résultats suivants (le thermomètre marquait 25° dans l'eau). Le poids du corps augmenta :

1° Après quinze minutes d'immersion, de **15, 14, 12** grammes;
2° Après quarante-cinq minutes, de **32, 28, 28** grammes;
3° Après soixante-quinze minutes, de **40, 35, 35**.

Répétées plusieurs fois, ces pesées nous ont toujours conduit à un résultat analogue : ainsi, le thermomètre dans l'eau oscillant entre 22° et 25° centigr., l'augmentation fut :

1° Après quinze minutes d'immersion, de 15, 30, 20, 10, 15 grammes;
2° Après quarante-cinq minutes, de 30, 50, 60, 30, 30 grammes;
3° Après soixante-quinze minutes, de 40, 70, 75, 35, 40 grammes.

Nous croyons inutile d'ajouter d'autres expériences concordant parfaitement avec les précédentes. Si l'on prend la moyenne des différents cas, on trouve que, l'eau du bain étant de 22-25°, la peau absorbe 16 grammes d'eau après un quart d'heure d'immersion, 35 grammes après trois quarts d'heure, et 45 grammes après cinq quarts d'heure de séjour dans l'eau. Ces chiffres ne sont pas en harmonie complète avec ceux qu'ont donnés certains expérimentateurs; nous l'avouons, mais on ne peut en être surpris, lorsqu'on songe que chaque individualité organique entraine fatalement avec elle des différences notables dans les fonctions.

L'expérimentation démontre donc d'une manière irréfragable

qu'il y a absorption par le tégument externe, et que c'est *au-des-sous de la limite thermique* que ce phénomène s'opère. Quant à donner une règle invariable qui indique l'échelle que suit l'absorption, il faut y renoncer; car, dans des conditions identiques, le poids du corps n'a pas augmenté comparativement dans les mêmes proportions. On ne pourrait nous objecter ici que la surface pulmonaire est la voie par laquelle ont pénétré les vapeurs qui sont généralement en suspension dans les salles de bains; pour prévenir ce reproche, on a eu soin de ventiler chaque fois les salles jusqu'au moment où le baigneur s'est plongé dans l'eau, et cette ventilation a été continuée pendant toute la durée de l'immersion, le bain lui-même étant recouvert d'un linge qui ne permettait pas aux vapeurs de se répandre dans l'appartement. Il est encore superflu de faire observer qu'avant et après le bain les sujets ont été constamment essuyés avec le plus grand soin. Notre conclusion est donc positive, et nous ne croyons pas qu'on puisse lui reprocher d'être entachée d'erreur.

Là ne se sont pas bornées nos recherches; ayant acquis la certitude que, dans certaines conditions, l'eau du bain pénètre dans le corps immergé, il fallait savoir, et ce point n'est pas des moins importants pour la thérapeutique, si l'eau, en pénétrant dans l'organisme, entraine avec elle les principes salins ou autres qu'elle tient en dissolution. Pour obtenir quelques données sur ce sujet, nous avons eu recours au moyen que primitivement nous avions mis à l'écart; nous voulons parler de l'examen de l'urine. On sait en effet que l'urine constitue une des plus abondantes excrétions, qu'elle s'obtient aisément sans aucun mélange, et qu'on peut y retrouver les moindres altérations (voir Bernard, *Expériences sur les manifestations chimiques diverses*). Afin d'éclairer cette question, nous avons essayé l'urine avant chaque bain, au point de vue de ses réactions chimiques; puis nous l'avons examinée à la sortie de l'eau. Cette eau tenait elle-même en dissolution soit des sels, soit des principes organiques dont l'absorption est toujours accusée par des manifestations physiologiques, et les réactifs ont toujours décelé dans l'eau, *avant* et *après* l'immersion, les matières qui y étaient dissoutes. Chaque bain a été pris à une température inférieure à la limite thermite, car c'est la seule, comme on le verra, qui permette l'absorption par le tégument externe.

Deuxième expérience. — *Bain à 32°, additionné d'iodure de potassium*
(200 grammes).

L'urine recueillie avant le bain est très-acide et fortement colorée; après deux heures de séjour dans l'eau, l'urine est jaune-paille, à réaction alcaline.

L'eau du bain était fortement iodurée; car, traitée par une solution d'amidon, elle prend une coloration d'un bleu foncé.

L'urine rendue après le bain est ensuite essayée d'après le procédé de M. David Price (*Journal des connaissances médicales*, 1851-1852, p. 203). On met dans une petite éprouvette une petite quantité d'urine; on y ajoute de la solution d'amidon, puis de l'acide azotique du commerce; le mélange ne se colore nullement.

La même urine, réduite par l'évaporation et additionnée d'acide tartrique, donne naissance à de nombreuses bulles d'un gaz inodore et laisse déposer un précipité qui n'est autre que du bitartrate de potasse. A ce précipité lavé et recueilli sur un filtre, nous avons ajouté de l'acide azotique, dans le but de détruire toute la matière organique, puis on l'a calcinée dans une capsule de platine; en brûlant, ce sel fuse, mais non d'une manière explosive.

Troisième expérience. — *Bain d'une heure et demie, à 34°, additionné*
de 200 grammes d'iodure de potassium.

Mêmes résultats que dans l'expérience précédente, l'urine devient alcaline et ne renferme aucune trace d'iode.

Quatrième expérience. — *Bain de deux heures, à 30°, et additionné*
de 200 grammes de carbonate de potasse.

L'urine, avant le bain, est franchement acide et d'un jaune orangé. Après la sortie de l'eau, l'urine est d'une couleur citrine et à réaction manifestement alcaline; elle ne précipite pas en jaune par le bichlorure de platine.

Cinquième expérience. — *Bain à 32°, additionné de 250 grammes de*
carbonate de potasse.

Avant le bain, l'urine est acide; après sa sortie, elle est alcaline. Même résultat que dans la quatrième expérience.

Sixième expérience. — *Bain d'une heure, à 32°, avec addition de*
cyanoferrure de potassium.

Avant le bain, l'urine est d'un jaune-safran, à réaction acide; à la sortie de l'eau, elle est alcaline et d'une couleur citrine claire.

Traitée par le perchlorure de fer, l'urine ne change point de couleur; réduite par l'évaporation et privée de toute matière organique par l'acide azotique, elle n'offre aucune trace de cyanure : les cendres résultant de la calcination complète de l'urine n'accusent aucune trace de cyanure.

SEPTIÈME EXPÉRIENCE. — *Bain additionné de cyanoferrure de potassium.*

Le même bain est répété à deux reprises différentes. Chaque fois l'analyse ne peut rencontrer de traces de cyanure; acide avant le bain, l'urine devient alcaline pendant et après le séjour dans l'eau ; elle ne donne pas de précipité marron par le sulfate de cuivre.

HUITIÈME EXPÉRIENCE. — *Bain à 35°, d'une heure et demie, avec addition de 1200 grammes de sel marin.*

L'urine est très-acide avant le bain, elle est très-alcaline après la sortie du bain.

L'acide sulfurique y détermine de l'effervescence, sans dégager l'odeur d'acide chlorhydrique; l'ammoniaque, approchée de cette réaction, ne donne pas naissance aux vapeurs blanchâtres. L'acide azotique forme dans cette urine une abondante cristallisation d'azotate d'urée. Aucune cristallisation de chlorure ne s'est formée lorsqu'on a abandonné ce mélange à une évaporation spontanée. Le nitrate d'argent ne précipite par l'urine en blanc.

NEUVIÈME EXPÉRIENCE. — *Bain d'une heure, à 32°, avec addition de nitrate de potasse.*

Avant le bain, l'urine est très-acide; à la sortie de l'eau, elle est très-alcaline et très-limpide. On n'y trouve point de traces d'azotate de potasse.

DIXIÈME EXPÉRIENCE. — *Bain de deux heures, avec 1 kilogramme de sulfate de magnésie.*

L'urine est très-acide et d'un jaune orangé foncé; pendant le bain et après la sortie de l'eau, elle est alcaline; traitée par le phosphate de soude ammoniacal, elle n'offre point de traces de sels magnésiens.
Aucun effet purgatif n'est résulté de ce bain.

ONZIÈME EXPÉRIENCE. — *Bain d'une heure, à 34°, avec addition de sulfate d'alumine.*

L'urine était acide avant le bain ; elle devient *alcaline* après la sortie de l'eau, et l'on n'y trouve pas de traces de sulfate.

Comme on peut le remarquer dans les expériences précédentes, le même fait se représente partout ; l'urine devient *alcaline* par un séjour prolongé dans l'eau. Ce fait serait-il dû seulement à la potasse ou autres alcalis qui entrent dans la composition des sels que nous avons employés ? Il serait permis de le croire au premier abord. Pour enlever toute espèce de doute à cet égard , nous avons établi les expériences qui suivent :

Douzième expérience. — *Bain à 32°, prolongé pendant soixante et quinze minutes , et additionné de 200 grammes d'acide azotique du commerce.*

L'urine était acide avant le bain ; pendant l'immersion et après le bain , elle fut fortement alcaline.

Treizième expérience. — *Bain additionné de 250 grammes d'acide azotique.*

Comme dans l'expérience précédente, l'urine est devenue *alcaline* après le séjour dans l'eau.

Quatorzième expérience. — *Bain à 30°, prolongé pendant une heure et demie et additionné de 20 grammes de sulfate de quinine.*

L'urine, avant le bain, est acide et d'une couleur orangée foncé ; après l'immersion, elle est alcaline et d'une couleur citrine claire.

Traitée par l'iodure de potassium ioduré (1), avec addition d'acide sulfurique, il n'y a aucun changement de couleur qui puisse annoncer la présence du sulfate de quinine.

Quinzième expérience. — *Bain à 29°, additionné de 30 grammes de sulfate de quinine.*

Administré dans les mêmes conditions que le précédent, ce bain a amené les mêmes résultats négatifs.

Ce n'est donc pas aux sels qui se trouvent en dissolution dans l'eau du bain que l'urine doit sa faculté de devenir alcaline pendant l'immersion du corps. D'une autre part , nous n'avons jamais retrouvé les traces des iodures, cyanures et sulfates employés. L'absorption des sels par le tégument externe est déjà pour nous un

---

(1) Voici la composition de ce réactif :

Iodure de potassium. . . . . . .   4 grammes (Quévenne).
Iode.   1   —
Eau distillée. 125   —

fait plus que douteux. Il nous reste à faire connaître la manière dont se sont comportées certaines matières organiques à action élective, la digitale et la belladone.

SEIZIÈME EXPÉRIENCE. — *Bain à 32°, additionné d'une infusion de 2 kilogrammes de feuilles de belladone.*

L'urine était acide avant le bain, elle devint très-alcaline. Les pupilles, contractées avant le bain, ne varièrent nullement dans leur dimension ; aucun trouble cérébral, aucune hallucination ne se manifesta pendant ou après le bain.

DIX-SEPTIÈME EXPÉRIENCE. — *Bain d'une heure et demie, à 31°, additionné d'une infusion de 2 kilogrammes de feuilles de digitale.*

Aucun trouble n'accompagna ce bain ; les battements du cœur et les pulsations artérielles ne furent pas sensiblement influencées par cette immersion (1).

Telles sont les différentes recherches que nous avons tentées afin d'élucider la question de l'absorption par le tégument externe. Les conclusions auxquelles on est conduit ne sont guère de nature à nous faire admettre, comme on le croit généralement, que les bains chargés de substances minérales ou organiques (et c'est le cas d'un grand nombre d'eaux minérales) doivent exclusivement leurs propriétés aux principes minéralisateurs qu'on y rencontre.

Nous devons établir au contraire les propositions suivantes :

1° L'urine devient constamment alcaline à la suite d'un bain, que celui-ci renferme des alcalis, qu'il n'en contienne pas, ou même qu'on y trouve des principes acides.

2° Les recherches les plus minutieuses ne trouvent jamais dans l'urine de traces d'iodure, de cyanure, lorsqu'on a mis dans l'eau du bain de l'iodure de potassium, du cyanure ferrico-potassique, etc.

3° Les bases autres que la soude et la potasse se dérobent aux investigations dans l'urine des baigneurs.

4° Les matières organiques, dont l'action physiologique se traduit toujours nettement dans l'économie, n'accusent pas leur

---

(1) Le ralentissement du pouls observé dans cette circonstance n'est point différent de celui qui résulte d'un bain d'*eau simple*, ainsi que nous le démontrerons ailleurs (voir chapitre 3).

présence dans l'organisme alors que les bains en renferment une notable proportion.

D'où il résulte que, si la peau permet le passage des sels en dissolution dans l'eau, ces sels, en vertu d'une propriété inhérente à la matière organique, et que l'on a rapprochée avec raison de la puissance catalytique, sont modifiés immédiatement dès leur entrée dans la circulation : ainsi sont déjouées certaines théories qui ne seraient basées que sur des hypothèses purement chimiques.

Au-dessous du point isotherme, l'eau du bain pénètre donc dans l'organisme.

II. La contre-partie de ces recherches était de s'enquérir de ce qui survient quand le corps est plongé dans un bain dont la température surpasse celle du sang ; c'est ce qui a été fait, et nous nous sommes servi en cette circonstance des mêmes moyens d'investigation que plus haut, la balance d'une part, et l'examen des urines de l'autre.

DIX-HUITIÈME EXPÉRIENCE.

Quatre personnes, dont la limite thermique oscillait entre 30 et 32°, furent plongées dans un bain à 36° ; on observa les pertes en poids suivantes :

1° Après quinze minutes d'immersion, 60, 35, 45, 50 grammes ;
2° Après trente minutes, 85, 75, 75, 85 grammes ;
3° Après quarante-cinq minutes, 120, 160, 150, 115 grammes.

Les mêmes individus, soumis de nouveau à des bains à 36°, donnèrent les variations suivantes, qui accusaient la perte en poids :

1° Après quinze minutes d'immersion, 55, 30, 50, 60 grammes ;
2° Après trente minutes, 95, 65, 85, 90 grammes ;
3° Après quarante-cinq minutes, 150, 110, 150, 160 grammes.

Le fait de la prédominance de l'exhalation cutanée ou pulmonaire est donc bien démontré ; il reste à savoir si la température du bain peut exercer quelque influence sur ces pertes. Voici le résumé de plusieurs immersions tentées dans ce but (les mêmes individus qui ont servi aux expériences précédentes se sont prêtés à celles-ci).

Dix-neuvième expérience.

Dans un bain de 41 à 42°, la perte en poids fut :

1° Après sept minutes d'immersion, de 125, 80, 195, 145 grammes ;
2° Après quinze minutes, 500, 135, 350, 520 grammes.

On ne put prolonger davantage le séjour dans l'eau.

Vingtième expérience.

A 45°, nous avons obtenu les variations suivantes :

1° Après sept minutes d'immersion, perte de 365, 400 grammes ;
2° Après dix minutes, 600, 230 grammes.

Plus de doute, l'exhalation cutanée accompagne le bain dont la température surpasse la limite thermite, et elle est en raison directe de la chaleur de l'eau. En effet, la moyenne des différentes expériences démontre qu'à la température de 36° le poids du corps diminue de :

48 grammes après 15 minutes d'immersion,
82 — — 30 — —
139 — — 45 — —

Quand le bain marque 41 à 42°, la perte en poids du corps est de :

135 grammes après 7 minutes,
378 — — 15 —

Enfin, à 45°, le corps perd 432 grammes après 10 minutes d'immersion.

III. Des expériences précédentes, on peut conclure que :

1° L'absorption à la surface de la peau est manifestement prouvée par les bains à une température moins élevée que la surface tégumentaire ;
2° L'absorption ne s'opère que dans cette circonstance ;
3° Son intensité est proportionnelle à la durée du bain ;
4° Elle ne favorise pas l'introduction dans l'économie des principes salins ou médicamenteux que l'eau tient en dissolution, ou si

du moins ces sels pénètrent dans l'organisme, l'analyse ne peut les y retrouver;

5° Les bains dont la température surpasse celle du corps font prédominer l'exhalation cutanée, et celle-ci se manifeste par une perte en poids du corps immergé;

6° Cette perte croît en raison directe de la durée et de l'élévation de la température du bain;

7° Au point isotherme, il y a équilibre entre l'absorption et l'exhalation cutanées.

En présence de ces résultats, on est naturellement porté à se demander quelle action thérapeutique il faut accorder aux eaux minérales. Certes nos conclusions ne nous permettent point de leur reconnaître les nombreuses propriétés curatives dont on les a dotées; nous devons même avouer que nos expériences, suivies la balance et les réactifs à la main, infirment une grande partie des propositions avancées jusqu'à ce jour touchant ces moyens thérapeutiques. Formulées d'une manière absolue, ces idées deviendraient la source d'un grand nombre de déceptions, puisqu'elles réduisent à néant la valeur des bains médicamenteux et ne reconnaissent aux eaux minérales qu'une seule action, identique dans tous les cas; ainsi les principes salins qu'on rencontre dans les eaux ne sont pas absorbés par le tégument externe, ou du moins nos connaissances chimiques actuelles ne nous autorisent pas à admettre qu'ils sont introduits dans l'organisme. Mais ces mêmes principes peuvent agir localement à la surface de la peau (nous ne parlons pas des cas où le derme dénudé serait le siége de quelque ulcération); ils y déterminent une stimulation dont l'intensité, proportionnelle à la saturation de l'eau, serait encore augmentée par la température du bain et par sa durée.

CHAPITRE II.

INFLUENCE DE LA TEMPÉRATURE DE L'EAU SUR LA TEMPÉRATURE ANIMALE.

Ce que l'on a dit en parlant de l'absorption dans le bain, on va le répéter dans ce chapitre. On a vu, en effet, que l'absorption suit la température de l'eau, qu'elle ne s'effectue pas au-dessus de la limite thermique, qu'elle est, au contraire, remplacée dans cette dernière circonstance par une exhalation plus ou moins abondante. De la même manière, le point isotherme deviendra ici la limite des effets produits par le calorique de l'eau ; ce phénomène n'est, d'ailleurs, pas de nature à étonner, si l'on se reporte aux impressions diverses qui sont ressenties au moment de l'immersion, et qui sont pour l'organisme un sujet de lutte incessante vers le maintien de sa température propre.

Nous passons donc à l'exposé des modifications que la chaleur animale éprouve à la suite de l'immersion dans un bain :

1° Au-dessus de la limite thermique ;
2° A la limite thermique ;
3° Au-dessous de la limite thermique.

Et nous renvoyons au chapitre précédent pour cette classification des bains.

1° *Bain au-dessus de la limite thermique.*

La physique nous apprend que toutes les fois que deux corps d'inégale température sont placés en présence l'un de l'autre, il s'opère entre eux un échange de calorique, de manière qu'il s'établit un équilibre de température. Cet échange de calorique est favorisé ou entravé par le milieu dans lequel se trouvent ces corps, suivant les diverses conditions que celui-là peut présenter. On se trouve ici, mais dans les limites compatibles avec la vie, en face de ces deux éléments : 1° le bain est d'une température plus élevée que la limite thermique ; 2° le corps de l'homme n'a pas la même densité que l'eau dans laquelle il se trouve plongé.

Vingt et unième expérience.

Après avoir pris la température de l'aisselle sur 20 sujets, on a obtenu, comme moyenne, 35°,6 ; on a soumis ces individus à des bains d'eau simple de 36° à 37° (on remarquera que ce bain est plus chaud que la *limite thermique*). Chez les uns, il y eut sensation de chaleur presque pénible ; chez les autres, un frisson assez semblable à celui qui accompagne le bain froid. Après un quart d'heure d'immersion, nous trouvâmes dans la température de l'aisselle une élévation qui, sur les 20 sujets, se répartit de la manière suivante :

Dans 1 cas, élévation de   1°,1
— 5 —   —   1°,8
— 2 —   —   1°,4
— 5 —   —   0°,9
— 7 —   —   0°,4—0°,6

Vingt-deuxième expérience.

Les mêmes recherches furent faites dans un bain à 45°, et n'amenèrent pas une élévation de température plus considérable ; ainsi :

Dans 2 cas, il y eut élévation de   1°,5
— 1 —   —   1°,9
— 1 —   —   1°,6

Il est vrai que dans cette circonstance, le bain ne fut pas prolongé, et ce ne fut qu'avec de grandes difficultés que l'on put obtenir une immersion de huit ou dix minutes.

2° *Bains à la limite thermique.*

La chaleur animale ne subit aucune variation sous l'influence d'un bain à l'indifférence thermale.

3° *Bains au-dessous de la limite thermique.*

Le thermomètre, placé dans le creux axillaire avant, puis après le bain qui n'est que de 5° moins élevé que le point isotherme, accuse un abaissement peu notable dans la chaleur de l'individu ; il en est de même pour la température prise dans la main.

Vingt-troisième expérience.

Chez quatre sujets, on a trouvé dans la main :
1° Avant le bain :

32°,8 — 33° — 34°,1 — 33°,7

2° Après trente minutes d'immersion :

$$32°,5 — 32°,4 — 34° — 33°,1$$

La même série de faits s'est représentée dans tous les bains de 20° à 30°; il y avait constamment un abaissement de température, le niveau thermométrique descendait de quelques dixièmes. Nous ne croyons donc pas utile de donner ici un plus grand nombre de chiffres.

Quant aux bains absolument froids, les différents phénomènes qu'on y rencontre sont trop complexes pour qu'on puisse établir des règles fixes sur la manière dont la chaleur animale est alors impressionnée; nous en parlons, du reste, avec détails dans le chapitre suivant.

En résumant ce qu'on vient d'observer, on peut donc poser les conclusions suivantes :

1° Dans les bains à la limite thermique, la chaleur animale n'éprouve aucune modification.

2° Dans un bain au-dessus de la limite thermique, il y a élévation dans la température du corps : de 1°,04 après quinze minutes d'immersion à 36° ou 37°, et de 1°,6 après dix minutes d'immersion à 45°.

3° Dans un bain au-dessous de la limite thermique de 20° à 30°, le thermomètre s'abaisse de 1°,6 après trente minutes d'immersion.

Ainsi, si l'on prend pour point fixe l'indifférence thermale, comme il convient toujours de le faire dans les observations de ce genre, on remarquera que la température du baigneur se modifie constamment dans le sens de celle de l'eau.

Les règles physiologiques qui précèdent trouvent-elles leur application pratique? Nous pouvons répondre affirmativement : dans certaines affections fébriles où il y a élévation de la température de la peau, telles que les fièvres typhoïdes, les bains au-dessous de la limite thermique ont fait descendre de plusieurs dixièmes le thermomètre placé sous l'aisselle des malades, successivement avant et après l'immersion, et cet abaissement de température a été proportionnel à la durée du bain. Il en est de même pour un grand nombre d'affections; mais nous n'avons pas à entrer aujourd'hui dans ces détails qui nous occuperont ailleurs.

CHAPITRE III.

ACTION DU BAIN SUR LA CIRCULATION.

Nous nous sommes étendu assez longuement sur les effets pure ment physiques du bain; nous entrons dans une série de phénomènes qui semblent se soustraire davantage aux lois de la physique pour se ranger dans un ordre de faits que la physiologie seule peut expliquer. Nous allons parcourir les principaux appareils, en notant les impressions que chacun d'eux peut ressentir à la suite d'une immersion dans un bain plus ou moins prolongé; nous commençons par l'appareil circulatoire.

1° *Bains à la température normale, c'est-à-dire à une température de quelques degrés moins élevée que la température de la peau, entre 32° et 34° centigrades.*

A l'instant même où le baigneur entre dans l'eau à cette température, il y a accélération du pouls. Ce phénomène, que l'on pourrait rapprocher d'un fait clinique bien connu, l'accélération du pouls au moment même où le médecin s'approche du lit du malade, n'a rien qui doive nous surprendre quand on sait ce qui se passe du côté de la respiration; celle-ci se trouve momentanément suffoquée.

VINGT-QUATRIÈME EXPÉRIENCE.

Chez une femme dont le pouls battait ordinairement 72 fois par minute, on compta :
1° Au moment de l'immersion, 88 pulsations;
2° Dix minutes plus tard, 68 pulsations.
Et le pouls resta tel pendant toute la durée du bain. Chez une autre il y avait :
1° Avant le bain, 90 pulsations;
2° Au moment de l'entrée dans l'eau, 116 pulsations;
3° Quinze minutes plus tard, 88 pulsations.
Chez un homme, le pouls, qui normalement était à 112, monta brusquement à 120 au moment de l'entrée dans le bain, pour redescendre quelques minutes plus tard à 112.

Mais cette accélération du début n'est que de courte durée, et l'on ne tarde pas à voir la circulation se ralentir; plus on prolonge ce bain, plus cette sédation se prononce. C'est en effet cette température que nous avons déjà représentée comme favorisant le mieux le jeu régulier des fonctions de l'économie. Ce bain doit être considéré généralement comme hygiénique.

2° *Bains au-dessus de la limite thermique.*

A côté du précédent, vient se placer le bain dont la température surpasse au moins 32° à 34°; il s'agit donc d'un bain chaud, puisque celui-ci fait éprouver au baigneur une sensation de chaleur, et puisqu'il est, en même temps, d'une température plus élevée que celle de la peau. Nous avons pris plusieurs bains dans ces données-là; nous en avons fait prendre à plusieurs personnes, et voici le résultat détaillé des faits observés.

VINGT-CINQUIÈME EXPÉRIENCE.

Dans deux cas, la limite thermique étant à 32°,2 et le pouls battant 78 fois par minute, on est entré dans un bain dont l'eau marquait 35° à 36°. Les troubles qui se manifestèrent du côté de la circulation furent, dès l'immersion, une céphalalgie très-pénible, avec pesanteur de tête ayant son siége principalement en avant; tout mouvement de la tête était douloureux. Le trouble de la vue fut le second phénomène observé; il se traduisit d'abord par une simple gêne dans les mouvements de l'organe de la vision, puis apparurent des cercles brillants, concentriques, qui, se rapprochant les uns des autres, et en même temps du centre visuel, disparurent brusquement pour faire place à une obscurité de la vue sur laquelle un brouillard rougeâtre semblait s'être étendu : dès ce moment il y avait impossibilité de distinguer la forme précise et surtout la distance des objets. Un courant d'air frais dirigé sur la tête fit disparaître cet état. Cinq minutes s'étaient à peine écoulées depuis l'immersion; le cœur frappait avec violence la paroi thoracique, et le pouls battait 100 fois par minute. Le bain fut continué cependant; après huit minutes d'immersion, le même phénomène se manifesta, accompagné cette fois non-seulement d'un trouble de la vue, mais encore d'une gêne dans l'audition, et l'on entendait un bourdonnement sourd remplir l'intervalle qui sépare les bruits isochrones des artères. Une congestion cérébrale était imminente, et il a fallu sortir du bain qui avait duré neuf minutes. Pendant la demi-heure qui suivit la sortie de l'eau, il y eut de l'embarras dans la marche; la pesanteur de tête et cette disposition apoplectique persistèrent toute la journée; la nuit suivante, insomnie, et le lendemain matin le pouls était encore à 90.

Les mêmes expériences furent renouvelées trois fois de suite; la limite thermique était à 32°,4, et l'eau du bain marquait environ 35°;

l'immersion ne put durer plus de dix minutes, et chaque fois les mêmes troubles congestionnels se manifestèrent.

Un bain analogue fut essayé ensuite deux fois à 35°;
une à 37°;
deux à 40°.

Le point isotherme était le même, il existait donc une certaine progression dans la température de l'eau. Les symptômes de congestion furent constamment les mêmes.

On ne pouvait cependant s'en tenir à ces données; il fallait savoir si l'immersion prolongée dans un bain très-chaud peut dé-déterminer des accidents; s'il se forme, comme on l'a dit, des hémorrhagies dans les cavités splanchniques; c'est ce que l'on a recherché sur des animaux. Voici, du reste, ces expériences :

VINGT-SIXIÈME EXPÉRIENCE. — *Bain à 45°. Congestion et engouement pulmonaires.*

Un lapin d'une assez grande dimension fut plongé dans un bain à 45°.
Avant l'immersion, le thermomètre introduit dans le rectum marquait 30°,7; les poumons fonctionnaient bien.
Après vingt-cinq minutes d'immersion, et dans la plus complète immobilité, l'animal râle.
A l'ouverture, les centres nerveux sont intacts; le poumon gauche est congestionné; le poumon droit présente plusieurs points engoués; une écume sanguinolente emplit les bronches. L'intestin offre à peine une légère injection qu'on ne peut considérer comme une altération pathologique.

VINGT-SEPTIÈME EXPÉRIENCE. — *Bain à 45°. Congestion des deux poumons.*

Sur un lapin analogue au précédent, le thermomètre dans le rectum accuse 28°; la respiration s'opère librement.
Après trente-cinq minutes d'immersion, l'animal respire à peine; on ne lui a permis aucun mouvement durant le bain.
Nécropsie. Point d'hémorrhagie dans les centres nerveux; écume dans les bronches; congestion très-manifeste dans les deux poumons.

VINGT-HUITIÈME EXPÉRIENCE. — *Bains à 45°. Écume bronchique, engouement des poumons; hémorrhagie sous-muqueuse de l'intestin.*

Chien blanc de moyenne taille.
Avant le bain, le thermomètre marque dans le rectum 38°,2; les poumons respirent normalement; l'animal est maintenu immobile.
Après vingt-cinq minutes d'immersion, on entend un râle trachéal, et les efforts inspirateurs se sont continués encore pendant sept minutes.

Autopsie une heure après la mort. Les bronches sont gorgées d'écume ; les deux poumons laissent suinter la même écume lorsqu'on les incise. Les méninges cérébro-spinales sont légèrement injectées. Le foie est gros ; l'intestin rempli de mucus présente une vascularisation exagérée, et sous la membrane muqueuse une plaque hémorrhagique de 2 centimètres de longueur.

Pour compléter ces expériences, nous citerons le fait suivant, extrait du *Schmidt's Iahrbücher* (n° 2, année 1843).

Mort subite après l'immersion dans un bain chaud.

« Un homme de 43 ans prenait un bain ; au bout de quelques minutes, il s'écria que la chaleur était trop forte, et tomba aussitôt privé de connaissance ; huit heures après, il était mort. A l'autopsie, on trouva le cerveau légèrement injecté, les *poumons gorgés de sang* et le *péricarde distendu par une grande quantité de ce liquide* qui s'était échappée par une déchirure longitudinale de la paroi antérieure du ventricule gauche du cœur ; ce viscère ne présentait d'ailleurs aucune lésion organique. »

Nous ne croyons pas nécessaire de faire suivre cette observation de quelques commentaires nouveaux ; les lésions que l'ouverture des animaux a démontrées nous donnent l'exemple le plus complet des altérations morbides, sur lesquelles nous avons déjà insisté, et que plusieurs fois encore on aura l'occasion de constater.

On peut donc affirmer que dans un bain trop chaud, il y a lieu de redouter les hémorrhagies dans les cavités splanchniques, et si nous localisons davantage, nous dirons que la mort, en pareille circonstance, est presque toujours la suite de troubles dans les voies respiratoires. C'est vers les poumons que retentissent surtout les désordres, conséquence de l'équilibre rompu entre les fonctions.

Ainsi le bain plus chaud que la surface cutanée détermine une accélération dans les fonctions circulatoires, et par ce fait, il peut arriver des accidents contre lesquels il importe de se prémunir : les aspersions froides sur la tête devront être employées dans ce cas (1).

---

(1) Dans un travail récemment publié (*Mémoire sur les dangers des bains chauds dans l'anasarque albuminurique*), M. Marchal (de Calvi) a cité plu-

3° *Bains au-dessous de la limite thermique.*

Une série de faits analogues aux précédents rapproche les bains froids de ceux qu'on vient d'étudier. Les congestions, qui sont les premiers phénomènes observés dans un bain chaud, ne se manifestent qu'en second lieu dans l'eau froide. Nous y insistons, non sans quelque raison, car il est du plus haut intérêt de voir les dangers d'une immersion dans l'eau froide. Nos expériences ont été tentées, comme précédemment, sur des animaux ; mais avant de les faire connaître, il faut étudier les modifications qui s'opèrent chez l'homme plongé dans un bain au-dessous de la limite thermique. On en déduira ensuite les préceptes qui doivent diriger l'emploi d'un tel agent.

Vingt-neuvième expérience.

Nous avons soumis plusieurs individus et nous nous sommes soumis nous-même à des bains au-dessous de la limite thermique et dans lesquels on entrait *graduellement ;* l'eau du bain marquait 27°, 26°, et 23°. On constata d'abord une sensation de fraîcheur et même de froid à laquelle succéda une décoloration du tégument externe ; les veines superficielles, visibles auparavant, disparurent bientôt. Le pouls, qui avant le bain était à

80, 72, 78, 60, 64,

descendit, après dix minutes d'immersion, à

70, 60, 54, 54, 58,

et il battait moins largement.

Dans une autre série de faits, le pouls, étant primitivement à

72, 60, 76, 64, 68,

descendit, après un quart d'heure d'immersion, à

60, 40, 74, 64, 56 ;

les battements du cœur étaient aussi moins violents.

Dans ces essais, cet abaissement persista, et une sensation de bien-

sieurs faits qui viennent donner une pleine confirmation à nos recherches, et prouvent manifestement que dans les bains chauds il faut redouter une congestion de l'encéphale, et, de plus, une suffusion séreuse sous-arachnoïdienne, s'il y a prédiposition aux hydropisies.

être succéda à la fraîcheur du début, que tous les baigneurs ne supportent pas avec la même facilité. Remarquons que chaque fois le baigneur était dans l'immobilité la plus complète, et que sa température a baissé de plusieurs degrés dans toutes les tentatives de ce genre.

Ce bain, qu'on peut considérer, par anticipation, comme étant d'un effet salutaire, n'est jamais suivi d'accidents ; à peine détermine-t-il une légère réaction.

Il n'en est plus de même si l'on envisage le corps plongé dans un bain dont la température est, au maximum, de 10 degrés plus basse que la limite thermique, c'est-à-dire dans un bain à 20° environ et au-dessous, ce qui constitue, à proprement parler, un bain froid (nous supposons encore le sujet condamné à la plus complète immobilité). Or, lorsqu'on entre dans un bain qui marque 15° à 20°, *sans s'être préalablement échauffé* par une course ou par une marche rapide, on est d'abord saisi par une sensation de froid assez pénible qui s'accompagne d'un frisson général ; la peau se décolore, le réseau veineux superficiel disparaît ; le pouls augmente de fréquence pendant deux ou trois minutes.

TRENTIÈME EXPÉRIENCE.

Voici les différentes variations que nous avons obtenues dans cette circonstance :

1° Avant le bain :

60, 60, 76, 70, 80, 70, 72, 64 pulsations ;

2° Trois minutes après l'immersion, il y avait

70, 75, 80, 80, 90, 75, 84, 72 ;

ces chiffres ont été fournis par les hommes. Sur des femmes, voici ce qu'on a constaté :

1° Avant le bain :

60, 54, 70, 54, 64, 72 pulsations ;

2° Après deux, trois minutes d'immersion :

70, 68, 82, 70, 68, 82 pulsations ;

et il faut noter que cette accélération du pouls, momentanée, il est vrai, dure en moyenne plus longtemps chez la femme que chez l'homme. Le pouls descend ensuite au-dessous du nombre observé avant le bain ; aussi, après cinq minutes d'immersion, le baigneur accuse-t-il une sorte d'engourdissement.

Mais une question capitale vient compliquer l'emploi de ces bains : Est-il indifférent de se baigner à cette température sans faire de mouvements ? Nous ne le croyons pas : sur 22 immersions tentées dans ces conditions, *quatre* seulement furent prolongées jusqu'à quinze et vingt minutes ; les autres ne purent durer que dix minutes. La céphalalgie sus-orbitaire fut telle, que dans trois cas, nous avons craint une congestion cérébrale, et c'est, comme on le verra, un des accidents qu'il faut redouter dans le bain froid *où le sujet reste immobile.*

En résumé, le bain de 15° à 20° détermine sur-le-champ une accélération du pouls qu'on peut évaluer, en moyenne, à 10, 14 pulsations par minute ; le pouls ne tarde pas à descendre ensuite au-dessous du nombre observé avant le bain, et il se maintient à 4 ou 6 pulsations au-dessous de ce dernier chiffre.

Si l'on passe aux bains plus froids que ceux-ci, à ceux qui ont été généralement considérés comme très-froids, on observe des phénomènes assez analogues aux précédents.

TRENTE ET UNIÈME EXPÉRIENCE.

Nous avons pris nous-même huit bains au-dessous de 14° à 15°. Après un frisson général très-violent, nous avons éprouvé une douleur de tête ayant son siége principalement au-dessus des orbites et vers le sommet de la tête. Le pouls s'accéléra d'abord de la même façon que plus haut ; la peau était pâle, décolorée ; un engourdissement général ne permit pas de prolonger ces bains. A la sortie de l'eau, ce même engourdissement persista ; la gêne de la circulation resta la même ; les yeux étaient excavés ; les membranes muqueuses violacées ; la peau couverte çà et là de taches *violettes* sur lesquelles nous désirons attirer l'attention, car cette coloration de la peau et la forme qu'elle affecte différencient ces taches de celles que nous signalerons comme précurseurs de la réaction consécutive à un bain froid, alors que celui-ci est administré à la façon ordinaire, c'est-à-dire dans une eau courante où le baigneur se livre à toute espèce de mouvement. La céphalalgie persista chaque fois pendant plus de douze heures, en donnant lieu à la même sensation pénible.

Nous ne nous sommes pas arrêté à ce résultat ; il fallait savoir si ce bain *prolongé* peut amener des accidents. On en a fait l'essai sur des animaux.

Trente-deuxième expérience. — *Bain à + 7°. Congestion et hémorrhagie
des poumons.*

Chien de moyenne taille, adulte; température prise dans le rectum
avant le bain : 39°.

L'animal est plongé dans un bain d'eau stagnante à + 7°; on ne lui
permet aucun mouvement. Pendant toute la durée de l'immersion, on
ne laissa pas la température de l'eau monter de plus de 4 dixièmes. Le
chien succomba après soixante-cinq minutes de séjour dans l'eau.

Autopsie. Le poumon gauche est congestionné; au centre du poumon
droit, on trouve les traces d'une hémorrhagie récente qui s'est fait jour
dans une bronche; écume sanglante dans la trachée; les centres nerveux
sont intacts; le foie ne présente rien d'anormal.

Trente-troisième expérience. — *Bain à + 8°. Congestion des poumons;
injection des méninges; hémorrhagie dans le cerveau.*

Chien noir de moyenne taille; température dans le rectum, 38°,7
avant le bain. L'animal est plongé dans une eau stagnante à 8°; on ne
lui permet aucun mouvement. La mort survient après quarante minutes
d'immersion.

Nécropsie. Congestion manifeste des deux poumons; les membranes
des centres nerveux sont injectées; hémorrhagie dans la substance grise
du cerveau; la substance blanche paraît ferme.

**Nous passons sous silence plusieurs expériences du même genre;
elles ont montré, à l'ouverture des sujets, les mêmes lésions que
plus haut. Le fait suivant, bien qu'il soit très-complexe, mérite
d'être rapproché de nos expériences, en raison de son importance
anatomique.**

*Mort subite d'un enfant immédiatement après l'immersion dans un bain
froid, observée par M. le Dr Nottingham, chirurgien à Liverpool.*

Un enfant de 2 ans et 3 mois, atteint d'une maladie du cerveau avec
paralysie partielle d'un côté du corps, fut, sur l'avis d'un ami de sa
mère, plongé dans un bain froid, au mois de mai. On présumait en obtenir un effet tonique. Cette manœuvre avait été déjà pratiquée trois fois
sans accident apparent. Pour y procéder une quatrième fois, la mère
éveilla son enfant, le tira du lit et le plongea immédiatement dans l'eau
froide; mais, au même instant, elle aperçut une altération profonde des
traits de la face. Un chirurgien, qui arriva cinq minutes après, trouva
l'enfant froid et sans pouls. Celui-ci poussa encore deux ou trois soupirs,
et mourut.

On trouva à l'autopsie *tous les viscères* de la tête, de la poitrine et de l'abdomen dans un état remarquable d'*hyperémie*. Les *poumons* étaient particulièrement *congestionnés*, mais aucun organe n'était altéré ni aucun vaisseau rompu. (*Provincial medical and surgical journal*, décembre 1841.)

Tous ces faits établissent donc une grande analogie entre les effets des bains froids et ceux des bains trop chauds ; aussi ferons-nous observer encore une fois que les perturbations qui accompagnent les bains trop froids ont leur maximum d'intensité vers l'appareil pulmonaire.

La contre-partie de ces recherches était de s'enquérir des effets produits par un bain d'eau *courante* au-dessous de la limite thermique, et dans laquelle le baigneur, après s'être préalablement échauffé par une marche assez rapide, ne reste pas immobile.

TRENTE-QUATRIÈME EXPÉRIENCE.

D'après les faits que nous avons observés, toutes les fois qu'on se plonge dans une eau courante au-dessous du point isotherme, les mouvements musculaires, les efforts de la natation, et les chocs de l'eau, provoquent une réaction qui varie d'intensité suivant que l'eau est plus ou moins froide. Si la température du bain est un peu au-dessous de la normale, c'est-à-dire de 20° à 30°, la réaction sera faible ; si l'eau du bain marque de 15° à 20°, la réaction se fait moins attendre, et elle est d'autant plus prononcée que le refoulement du sang vers les cavités splanchniques a été plus marqué ; si on prolonge ce bain, elle se fera plus longtemps attendre. Quand l'immersion n'a pas duré plus de dix minutes, en général, la réaction s'opère presque immédiatement à la sortie de l'eau, et alors elle est en raison directe de la dépression que le froid avait occasionnée. Après le frisson qui accompagne la sortie du bain, le nombre des pulsations augmente, et l'on peut poser cette règle générale, que le pouls est de 10 à 14 pulsations plus fréquent que dans l'eau. Mais cette accélération, analogue à celle que nous avons notée au commencement du bain, ne dure pas plus de deux à trois minutes ; après ce temps, en effet, le pouls reprend à peu près son type normal, la peau se colore d'une *rougeur uniforme* et presque *généralisée*.

On a déjà rencontré plus haut une rougeur bleuâtre, par plaques assez semblables à de vastes ecchymoses ; celle-ci se différencie donc de l'autre par sa distribution générale et sa teinte rouge. Du reste la coloration de la peau qui survient ici s'accompagne toujours d'une élévation de température ; il n'en est pas ainsi pour la coloration bleuâtre. Que si l'on répète ces immersions plusieurs fois de suite, la réaction sera plus lente à apparaître que le dernier bain sera plus éloigné. Aussi, chaque fois que l'on se plonge dans l'eau, les signes de congestion paraissent-ils successivement plus manifestes.

TRENTE-CINQUIÈME EXPÉRIENCE.

On a pris des bains dans la Seine aux mois de février et mars 1854; l'eau marquait 10°, 5°, 12°, 8° et 7°. Le pouls devint petit et dur, il ne parut pas avoir augmenté de vitesse; la peau était décolorée, il y avait de la pesanteur de tête. Après trois minutes d'immersion dans deux cas, quatre et cinq minutes dans les autres, la peau devint sensiblement plus chaude, elle prit une coloration rouge semblable à celle dont on a parlé plus haut; les mouvements étaient devenus très-faciles.

$$10 \text{ minutes dans } 3 \text{ cas}$$
$$14 \quad — \quad — \quad 1 \quad —$$
$$16 \quad — \quad — \quad 1 \quad —$$

Ce bien-être s'affaiblissant, on sortit de l'eau : le but était rempli. On venait d'acquérir la certitude que l'on peut presque impunément soumettre un homme à un bain d'eau courante, au-dessous de 15° et même au-dessous de 8°, pourvu que le baigneur se soit préalablement livré à un exercice prolongé qui n'exclut même pas la sueur, et pourvu qu'il ne reste pas immobile dans l'eau.

TRENTE-SIXIÈME EXPÉRIENCE.

Avant ces dernières expériences, nous nous étions soumis à des bains à la même température que les précédents sans avoir fait préalablement quelque marche rapide qui pût élever la température de la peau au-dessus de la moyenne ordinaire. Dans ces cas, la réaction fut lente à se produire, elle ne se montra même que longtemps après la sortie de l'eau, ce qui fit craindre quelque accident de la nature de ceux qui ont été provoqués chez les animaux. Mais jamais ce dernier phénomène ne s'est présenté depuis que nous insistons sur la nécessité des mouvements dans le bain froid et sur l'utilité de l'exercice, voire même de la fatigue, avant l'immersion.

Les réflexions pratiques qui terminent le deuxième chapitre pourraient être répétées ici, car les changements qui surviennent du côté de la circulation suivent de très-près ceux que l'on constate dans la calorification, quand toutefois ces deux fonctions ne sont pas congénères.

Ajoutons, de plus, que les bains en eau *froide* et *courante* nous semblent dignes de fixer l'attention du thérapeutiste, lorsqu'il s'agit d'affections hystériques ou hystériformes. Dans plusieurs affections de cette nature, rebelles à toute autre médication, nous avons pu apprécier l'efficacité de ces bains, car, en pareille circonstance, l'action perturbatrice ou modificatrice de l'eau est puissamment secondée par les efforts de la natation et de la gymnastique auxquels se livrent les baigneurs.

CHAPITRE IV.

ACTION DU BAIN SUR LES FONCTIONS RESPIRATOIRES.

Il est un phénomène qui frappe l'observateur, lors même qu'il n'examine qu'avec une certaine indifférence le moment où l'on se plonge dans un bain : nous voulons parler de la dyspnée.

Qu'il s'agisse d'un bain froid, d'un bain tempéré, d'un bain chaud, que le sujet soit anémique ou pléthorique, que l'on s'adresse à un homme ou à une femme, à un adulte ou à un enfant, le moment de l'entrée dans l'eau est toujours accompagné d'une gêne de la respiration ; celle-ci varie, il est vrai, suivant les individus, elle persiste un temps plus ou moins long, elle occasionne ou non de la douleur, mais elle n'en est pas moins un fait constant qui deviendra pour le thérapeutiste une source féconde d'indications pratiques.

A quelle cause peut-on rapporter ce phénomène ? Cette dyspnée n'est-elle autre chose qu'une pression analogue à la condensation atmosphérique ? Nous ne le croyons pas. On connaît, en effet, les expériences tentées par MM. Junod et Tabarié, afin d'apprécier les effets de l'air condensé : lorsque le corps de l'homme est plongé dans une atmosphère dont la pression naturelle est augmentée de moitié, la membrane du tympan, refoulée de dehors en dedans, est sous l'impression d'un poids incommode qui disparaît peu à peu ; mais que devient alors la respiration ? Elle s'exécute *plus facilement* qu'à l'état libre, l'inspiration est plus large et moins fréquente, enfin un bien-être se répand dans toute l'économie. Il y a loin de cet état à celui qui annonce constamment l'entrée dans un bain, et qui se traduit par une suffocation soudaine ; la respiration est alors anxieuse et difficile, une sensation de constriction s'étend le long du sternum soit en haut, soit en bas ; le plus souvent, c'est vers l'épigastre et la partie la plus inférieure du sternum. Il semble qu'un agent compresseur appliqué à l'épigastre et prenant un point d'appui à l'endroit correspondant de la région dorsale vient à être mis en mouvement pour rapprocher l'une de l'autre les parois de la cavité thoracique. La respiration doit alors s'opérer suivant le type costo-claviculaire, car le baigneur sent vers l'appendice xiphoïde soit un poids, soit une barre qui arrête les mouvements inspirateurs de cette région. Ainsi l'immersion dans l'eau amène constamment avec elle un trouble dans les fonctions respiratoires, tandis que l'air condensé occasionne plutôt une sensation agréable.

On ne peut donc comparer ces deux phénomènes, et la dyspnée n'est pas due à une plus grande pression ; elle est la conséquence de toute autre cause qu'une augmentation de cette nature. Ajoutons que le contact d'un agent inaccoutumé et le passage brusque d'un milieu dans un autre dont la température est ordinairement plus élevée ou plus basse que celle du corps ne sont pas sans déterminer quelque peu cette dyspnée. Le diaphragme, spasmodiquement contracté pendant quelques instants par suite de l'impression de l'eau, ne serait-il pas la cause directe de ce trouble, puisque la douleur qu'on éprouve alors a généralement pour siége les points d'attache de ce muscle? Quoi qu'il en soit, ce phénomène est resté sans explication jusqu'à ce jour, malgré sa fréquence et les sensations bizarres auxquelles il donne lieu.

Parcourons maintenant les bains aux différentes températures, et examinons les faits auxquels ils donnent naissance. (Il convient de rapprocher tout ce chapitre du précédent.)

1° *Bain à la température normale.*

Quand on se plonge dans un bain isotherme, après la dyspnée du début la respiration perd sa fréquence ; elle suit à peu près les mêmes mouvements qui ont été signalés en traitant des effets du bain sur la circulation.

Plus ce bain est prolongé, plus il y a lieu de remarquer cette sédation qui se trahit moins par le nombre des inspirations que par l'ampleur avec laquelle elles s'opèrent.

2° *Bain au-dessus de la limite thermique.*

Le bain à une température supérieure au point isotherme demande à être suivi avec une attention particulière.

Au moment même de l'immersion, survient la dyspnée qui se modifie à peine pendant toute la durée du séjour dans l'eau.

TRENTE-SEPTIÈME EXPÉRIENCE.

Sur huit expériences dans lesquelles nous nous sommes soumis à des bains à 34°, 35°, 37° et 42°, la moyenne des inspirations avant l'immersion oscillait entre 16 et 18 par minute ; après cinq minutes et huit minutes, limites maximum de la durée du bain, la respiration, qui ne s'effectuait plus que par le type costal supérieur, se composait de 24, 28 et 32 inspirations par minute ; l'oppression était extrême et persista après la sortie de l'eau plus longtemps que les troubles de la circulation ; car le lendemain nous avons ressenti la même gêne, analogue à la dyspnée qu'on rencontre chez les malades atteints d'emphysème pulmonaire.

Les expériences faites sur des lapins et des chiens, et relatées précédemment, indiquent du reste les désordres pulmonaires que peut entraîner le séjour prolongé dans un bain à cette température.

3° *Bain au-dessous de la limite thermique.*

Le contact de l'eau froide et *stagnante*, avec la surface de la peau, ralentit la respiration de 2 à 4 inspirations par minute ; on remarquera qu'il n'y pas ici une sédation aussi prononcée que pour l'appareil circulatoire.

Quand l'eau du bain marque au maximum une température de 10° au-dessous de la température normale, ce qui constitue à peu près un bain à 20° et au-dessous, suivant les susceptibilités organiques, la dyspnée ne quitte pas le baigneur pendant toute la durée de l'immersion : sur 24 individus soumis à cette température, un seul put y rester jusqu'à vingt minutes, et, dans ce cas, nous avons forcé le baigneur à l'immobilité complète. Il n'en est plus ainsi si l'on se livre à l'*exercice de la natation*, et s'il s'agit d'une eau *courante* ; alors la respiration devient plus large ; la poitrine se dilate facilement et avec ampleur, après quelques minutes d'immersion.

Le fait qui domine donc le bain froid en eau *stagnante* et avec *immobilité du baigneur*, c'est l'imminence d'une apoplexie.

F.   3

On a vu déjà combien est redoutable pour l'appareil respiratoire le séjour dans un pareil milieu et dans ces conditions ; qu'on se reporte à nos expériences sur les animaux, et l'on verra que les phénomènes pathologiques qui ont accompagné la mort à la suite des bains trop chauds ou trop froids (car l'immobilité du sujet contribue à donner à l'eau un caractère beaucoup plus froid) ont presque toujours eu leur retentissement vers les organes de la respiration, qu'il y ait ou non une autre lésion concomitante. Cette souffrance pulmonaire nous y insistons à dessein, car elle devient une contre-indication puissante pour le clinicien, alors qu'il se trouve en face de maladies des voies respiratoires.

Si du domaine de la physiologie on passe à celui de la pathologie, à quelles conclusions est-on conduit par l'expérimentation des bains plus chauds ou plus froids que la température normale? Lorsqu'il y a une perturbation brusque des fonctions de la peau, ce sera du côté des viscères thoraciques que se manifestera le retentissement pathologique ; et ce fait se trouve surabondamment prouvé par les recherches cliniques. On sait, en effet, que des pneumonies, des pleurésies, des bronchites, viennent frapper les individus qui se sont exposés à l'action du froid, et toujours, en pareille circonstance, le phénomène initial a été une suppression plus ou moins complète des fonctions de la peau. Cette proposition ne trouve toute son application que dans nos climats où l'on se trouve précisément dans les conditions du bain au-dessous de la limité thermique.

Notre température est le plus souvent de beaucoup supérieure à celle de l'atmosphère; or la peau, qui est chargée du maintien de l'équilibre et qui sympathise forcément avec le poumon, source de calorification, va, toutes les fois qu'il y a altération dans ses fonctions, troubler celles des poumons.

Dans les pays chauds au contraire, c'est l'inverse qu'on observe: la nécessité d'une décalorification amène des flux bilieux, diarrhéiques, dont la production soustrait à l'organisme une quantité de calorique que l'abondance de la transpiration ne saurait enlever dans un assez court espace de temps. Ces faits, nous les retrouvons dans les bains au-dessus de la limite thermique, et nous les voyons constamment se reproduire dans le même ordre.

APPENDICE.

DE L'INFLUENCE DES BAINS SUR LA PRODUCTION DE L'ALBUMINURIE.

Avant de quitter ce sujet, il est un fait que nous ne pouvons passer sous silence, car il se rapproche de ce qui vient d'être dit, et nous conduit à des vues pratiques de la même nature. A la sortie de trois bains FROIDS, l'urine, recueillie et examinée avec soin, renfermait une grande quantité d'albumine; pendant la soirée qui suivit chacune de ces immersions, on constata encore des traces d'albumine; le lendemain, il n'y en avait plus. Ce phénomène ne s'est pas reproduit depuis lors chez le sujet de cette observation ; nous ne l'avons pas rencontré non plus dans le cours de nos expérimentations. Déjà, en 1838, M. Fourcault, exposant devant l'Académie des sciences ses recherches sur la transpiration cutanée, etc., avait signalé cet effet de la *répercussion de la sueur.* Tous les auteurs qui ont parlé de l'albuminurie, et surtout MM. Rayer et Andral, ont considéré le refroidissement comme la cause déterminante de cette altération de l'urine. La production de l'albumine ne se rencontre-t-elle pas encore dans le choléra, alors que la peau complétement refroidie ne fonctionne plus dans la période algide ? Rapprochons encore de ce fait l'alcalinité constante de l'urine à la suite des bains même acides (voir chapitre 1er). Nous nous trouvons donc en face d'un ordre de causes qui persiste invariablement le même, la suppression de la transpiration cutanée; phénomène très-important, puisqu'il semble indiquer à la thérapeutique que, dans ces cas, toute médication doit avoir pour but de ramener les fonctions cutanées à leur type normal; aussi peut-on conclure avec Sanctorius : « Prima morborum semina tutius cognoscuntur ex al- « teratione solitæ perspirationis quam in læsis officiis » (Sanctorius, aphor. 42).

Pour être complet, ce travail exigerait peut-être l'examen des modifications qui surviennent dans les centres nerveux et les organes de la locomotion; mais, chaque fois que l'occasion s'en est présentée, nous avons mentionné les phénomènes qui se manifestent dans ces appareils. Il est donc inutile d'insister davantage sur ces faits ; on s'exposerait à des répétitions superflues ou à des détails que l'expérience et l'usage ont depuis longtemps sanctionnés. C'est au clinicien qu'il importe maintenant de faire l'application des propositions qui viennent d'être démontrées.

www.ingramcontent.com/pod-product-compliance
Ingram Content Group UK Ltd.
Pitfield, Milton Keynes, MK11 3LW, UK
UKHW022352120726
13694UKWH00004B/1830